Guida alla Coltivazione delle Azalee

Impara cosa fare per coltivare bene splendite Azalee

A. Duller

Lisa Shardon

Copyright © 2024

Guida alla Coltivazione di Azalee

Introduzione

Cos'è un'azalea?

L'azalea è una pianta ornamentale appartenente al genere *Rhododendron*, parte della famiglia delle **Ericaceae**.
Conosciuta per la sua straordinaria varietà di colori e forme floreali, l'azalea è una delle piante più apprezzate nei giardini e nei parchi di tutto il mondo. Spesso viene coltivata sia come arbusto singolo sia in composizioni decorative più ampie, grazie alla sua capacità di adattarsi a diverse condizioni climatiche e a una vasta gamma di terreni.

Le azalee possono fiorire in primavera, e i loro fiori variopinti, che spaziano dal bianco al rosa, dal rosso al viola, riescono a creare scenari spettacolari. Alcune specie fioriscono anche in estate o all'inizio dell'autunno, garantendo bellezza per gran parte dell'anno.

Le azalee possono essere sia **sempreverdi** che **decidue**, con fioriture diverse a seconda della varietà. Ciò che rende unica questa pianta è la combinazione di fogliame attraente e fioriture abbondanti, capaci di trasformare qualsiasi spazio verde in un ambiente ricco di fascino. Le varietà di azalee decidue perdono le foglie durante l'inverno, mentre quelle sempreverdi le mantengono per tutto l'anno, offrendo una vegetazione costante anche nei periodi freddi.

1.1 Storia e origini

L'azalea ha origini antiche e affonda le sue radici nelle regioni montuose dell'Asia, particolarmente in **Cina, Giappone e Corea**, dove viene coltivata da secoli per il suo valore ornamentale. In Giappone, è parte integrante della tradizione dei giardini zen e rappresenta un simbolo di **fascino, eleganza e legame con la natura**. Si crede che le prime coltivazioni di azalee risalgano a oltre un millennio fa, quando i monaci giapponesi le selezionavano e piantavano nei templi e nei giardini sacri.

Nel XVIII secolo, le prime varietà di azalee furono introdotte in **Europa** grazie agli esploratori e ai botanici europei che viaggiavano in Asia. Da allora, la loro popolarità è cresciuta rapidamente, soprattutto in paesi come **Inghilterra, Francia e Paesi Bassi**, dove furono ibridate numerose nuove varietà per soddisfare le esigenze dei giardinieri e dei paesaggisti.

Durante il XIX secolo, l'azalea cominciò a diffondersi anche in **America del Nord**, in particolare negli Stati Uniti, dove oggi è una delle piante ornamentali più amate. Alcune città americane, come **Mobile, in Alabama**, hanno persino istituito festival in onore della fioritura delle azalee. Attualmente, queste piante sono presenti in tutto il mondo e vengono coltivate sia in giardini privati che in parchi pubblici, oltre a essere frequentemente utilizzate come piante da vaso o da appartamento.

1.2 Varietà di azalee

Le azalee sono divise in numerose varietà, che si distinguono per la **forma dei fiori, il colore delle foglie e il periodo di fioritura**. Le due categorie principali sono le **azalee decidue** e le **azalee sempreverdi**, ognuna delle quali comprende ulteriori sottotipi e cultivar. Esistono migliaia di ibridi, sviluppati per ottenere piante con caratteristiche specifiche come la resistenza a determinati climi, fioriture più abbondanti o colori particolarmente brillanti.

Alcune delle varietà più conosciute includono:

- **Azalea mollis**: una varietà decidua molto resistente, con fiori grandi e colorati.

- **Azalea japonica**: un'azalea sempreverde con fioriture abbondanti e compatte, spesso utilizzata per siepi.

- **Azalea indica**: ideale per la coltivazione in vaso, fiorisce in inverno o in primavera ed è spesso utilizzata come pianta d'appartamento.

Capitolo 1: Scegliere le azalee

La scelta dell'azalea giusta dipende da numerosi fattori, come il clima, lo spazio disponibile e l'effetto estetico desiderato. Con la grande varietà di tipologie esistenti, è possibile trovare una pianta adatta a ogni contesto: dalle aiuole dei giardini ai piccoli balconi, passando per composizioni decorative in vaso per l'interno delle abitazioni. Questo capitolo esplorerà le principali categorie di azalee e le caratteristiche dei loro fiori, per aiutarti a scegliere la pianta più adatta alle tue esigenze.

1.1 Tipi di azalee

1.1.1 Azalee decidue

Le **azalee decidue** sono quelle che

perdono le foglie durante l'inverno, ma offrono spettacolari fioriture durante la primavera e l'estate. Queste piante sono particolarmente resistenti al freddo e sono ideali per climi temperati o montani, dove le temperature invernali possono scendere sotto lo zero. In autunno, prima della caduta delle foglie, queste azalee assumono spesso splendide tonalità rosse o dorate, aggiungendo un ulteriore elemento decorativo al giardino.

Le varietà decidue più popolari includono:

- **Rhododendron luteum**: nota per i suoi fiori giallo vivo e per il profumo intenso.

- **Rhododendron viscosum**: una varietà profumata con fiori bianchi e rosa chiaro.

- **Azalea mollis**: una delle più diffuse, con fiori grandi e brillanti in tonalità di giallo, arancio e rosso.

Queste azalee richiedono un terreno ben drenato e leggermente acido. Sono ideali per giardini soleggiati o leggermente ombreggiati, dove possono svilupparsi senza problemi.

1.1.2 Azalee sempreverdi

Le **azalee sempreverdi** mantengono il fogliame durante tutto l'anno, offrendo una vegetazione costante anche nei periodi più freddi. Questo tipo di azalea è molto apprezzato per la sua capacità di garantire un giardino verde anche d'inverno. Le fioriture delle azalee sempreverdi si concentrano principalmente in primavera, ma alcune varietà possono rifiorire durante l'estate o l'autunno.

Le varietà sempreverdi includono:

- **Azalea japonica**: con piccoli fiori rosa, rossi o bianchi, è perfetta per creare bordure e siepi.

- **Azalea indica**: spesso coltivata in vaso, fiorisce anche in inverno e si adatta bene agli ambienti interni.

- **Azalea kurume**: una varietà compatta e resistente, con fioriture abbondanti in primavera.

Queste azalee preferiscono posizioni ombreggiate o semi-ombreggiate e richiedono un'irrigazione costante durante i periodi più caldi. Sono ideali per giardini di piccole dimensioni, terrazze o balconi.

1.2 Caratteristiche e colori dei fiori

I fiori delle azalee sono noti per la loro bellezza e per la varietà di colori disponibili. Le fioriture possono essere semplici o doppie, con petali dai bordi lisci o increspati. I colori più comuni sono il bianco, il rosa, il rosso e il viola, ma esistono anche varietà con fiori arancioni, gialli o bicolore. Alcune azalee producono fiori profumati, il che le rende ideali per decorare angoli di giardini dove si desidera creare un'atmosfera accogliente e rilassante.

Caratteristiche principali dei fiori di azalea:

- **Forma**: i fiori possono avere una forma a imbuto, a campana o piatta, a seconda della varietà.

- **Dimensione**: esistono fiori piccoli e delicati, ideali per bordure, così come fiori più grandi e appariscenti per composizioni centrali.

- **Colore**: oltre ai colori tradizionali, alcune azalee presentano **sfumature multicolori** o disegni sui petali, rendendole particolarmente decorative.

Influenze climatiche sulla fioritura

Le condizioni climatiche influenzano notevolmente la fioritura delle azalee. In climi freschi e umidi, le fioriture tendono a essere più abbondanti e durature, mentre in regioni calde e secche le piante possono richiedere un'irrigazione più frequente per mantenere la loro vitalità. Anche l'esposizione alla luce gioca un ruolo importante: le azalee preferiscono generalmente posizioni **semi-ombreggiate**, poiché un'esposizione diretta e prolungata al sole può causare l'ingiallimento delle foglie o la rapida caduta dei fiori.

In definitiva

, la varietà di colori, forme e dimensioni rende le azalee una scelta perfetta per chi desidera creare spazi verdi eleganti e variopinti. Indipendentemente dal tipo scelto, queste piante aggiungono sempre un tocco di bellezza e raffinatezza a qualsiasi ambiente.

Capitolo 2: Preparazione del terreno per le azalee

La preparazione del terreno è uno dei fattori fondamentali per garantire la salute e la fioritura delle azalee. Queste piante, appartenenti alla famiglia delle Ericaceae, hanno esigenze specifiche riguardo al **tipo di suolo**, alla sua **composizione** e soprattutto al **pH**, che deve essere acido per evitare problemi di crescita. Un terreno inadeguato può compromettere la capacità della pianta di assorbire i nutrienti, causando foglie ingiallite, fioriture scarse e sviluppo stentato. Questo capitolo fornirà indicazioni dettagliate su come analizzare e preparare un substrato ideale per le azalee, garantendo che abbiano le migliori condizioni per prosperare.

2.1 **Analisi del suolo**

Prima di piantare un'azalea, è essenziale effettuare una **analisi del suolo** per determinare la sua **composizione chimica e fisica**. L'analisi può essere eseguita mediante kit fai-da-te reperibili nei negozi di giardinaggio o, per risultati più precisi, è possibile inviare un campione a un laboratorio specializzato. Questa analisi permette di identificare:

- **pH**: fondamentale per capire se il terreno è abbastanza acido (pH tra 4,5 e 6,0).

- **Struttura del suolo**: verifica della presenza di argilla, sabbia o limo in eccesso.

- **Drenaggio**: le azalee soffrono i ristagni idrici, quindi è importante conoscere la capacità drenante del terreno.

- **Nutrienti presenti**: rilevazione dei livelli di azoto (N), fosforo (P) e potassio (K), così come di microelementi essenziali come ferro e magnesio.

Come eseguire l'analisi del suolo:

1. **Prelievo del campione**: raccogli campioni da diverse aree del giardino a una profondità di circa 20-30 cm.

2. **Miscelazione dei campioni**: unisci tutti i campioni prelevati per ottenere una rappresentazione omogenea del terreno.

3. **Analisi del campione**: utilizza un kit di pH o invia il campione a un laboratorio per avere un rapporto dettagliato sui nutrienti e sul livello di acidità.

Questa analisi preliminare permette di capire quali miglioramenti o modifiche devono essere apportate al terreno, come l'aggiunta di sostanze acidificanti o materiali organici per ottimizzare la struttura e il drenaggio.

2.2 **Requisiti di pH**

Il **pH** del terreno è uno degli aspetti più critici per la coltivazione delle azalee. Queste piante preferiscono terreni **acidi**, con un pH ideale compreso tra **4,5 e 6,0**. Se il pH del suolo è troppo alto (alcalino), la pianta non sarà in grado di assorbire correttamente alcuni **microelementi essenziali**, in particolare il ferro. Ciò può portare a una condizione nota come **clorosi ferrica**, che si manifesta con l'ingiallimento delle foglie e la perdita di vitalità della pianta.

Come regolare il pH del terreno:

- **Se il pH è troppo alto**:

  - Aggiungi **zolfo elementare** o **solfato di ferro** al terreno.

  - Puoi utilizzare anche **acidi organici**, come la torba acida, per abbassare il pH naturalmente.

  - L'applicazione di **fertilizzanti acidificanti**, formulati appositamente per piante acidofile, può aiutare a mantenere il livello di pH ideale.

- **Se il pH è troppo basso**:

  - Aggiungi **carbonato di calcio** o **calce dolomitica** in piccole quantità, ma con attenzione, perché un eccesso potrebbe rendere il terreno inadatto.

- Verifica periodicamente il pH con un kit, poiché l'equilibrio chimico del suolo può cambiare nel tempo.

2.3 **Preparazione del substrato ideale**

Le azalee richiedono un substrato leggero, ben drenato e ricco di sostanza organica. Poiché le loro radici sono poco profonde e delicate, un terreno troppo compatto o mal drenato può causare **asfissia radicale** e marciumi, compromettendo la salute della pianta. In questa sezione vedremo come preparare la miscela di substrato ideale per garantire alle azalee il giusto equilibrio tra drenaggio e ritenzione dell'umidità.

2.3.1 **Mischie di torba e sabbia**

Una delle combinazioni più consigliate per la coltivazione delle azalee è una miscela di **torba e sabbia**, poiché questo tipo di substrato assicura una buona capacità drenante e allo stesso tempo mantiene un'adeguata umidità per le radici.

- **Torba acida**: fornisce la giusta acidità al terreno e aiuta a trattenere l'umidità, senza però rendere il substrato troppo pesante.

- **Sabbia silicea**: migliora il drenaggio e la permeabilità del terreno, evitando ristagni idrici.

Preparazione della miscela:

- **2 parti di torba acida**

- **1 parte di sabbia silicea**

- **1 parte di compost ben decomposto o corteccia di pino tritata**

Questa combinazione garantisce un substrato soffice e ben aerato, ideale per favorire lo sviluppo delle radici superficiali delle azalee.

2.3.2 **Composizione del terreno**

Oltre alla torba e alla sabbia, ci sono altri elementi che possono essere aggiunti al substrato per migliorarne la **composizione** e fornire alle piante i nutrienti necessari. È importante bilanciare correttamente i materiali organici e inorganici per creare un ambiente di crescita ottimale.

Elementi utili per arricchire il terreno:

- **Compost organico**: aggiunge sostanza nutritiva e migliora la struttura del suolo, rendendolo più fertile.

- **Corteccia di pino o aghi di pino**: questi materiali non solo aiutano a mantenere l'acidità del terreno, ma migliorano anche l'aerazione e la ritenzione idrica.

- **Pomice o perlite**: sono materiali inerti che migliorano il drenaggio, evitando il ristagno d'acqua.

- **Letame maturo**: può essere aggiunto in

piccole quantità per arricchire il terreno di sostanza organica. È importante che sia ben decomposto per evitare il rilascio di sostanze nocive per le radici.

Rapporto consigliato per il substrato:

- 40% **torba acida**

- 30% **sabbia o perlite**

- 20% **compost**

- 10% **corteccia o aghi di pino**

Questa miscela garantisce una perfetta combinazione tra drenaggio, aerazione e capacità di trattenere l'umidità, condizioni indispensabili per la crescita sana delle azalee.

Preparare un terreno adatto alle azalee è un passo essenziale per garantirne la **crescita rigogliosa e la fioritura abbondante**. L'analisi iniziale del suolo consente di conoscere con precisione la composizione e il livello di acidità del terreno, permettendo di intervenire con le giuste correzioni. Il **pH acido**, compreso tra 4,5 e 6,0, è cruciale per evitare carenze nutrizionali e problemi come la clorosi ferrica.

Inoltre, la **preparazione di un substrato leggero e ben drenato** è essenziale per evitare i ristagni idrici, garantendo allo stesso tempo una buona ritenzione dell'umidità. Le miscele di **torba, sabbia e compost** offrono un ambiente di crescita ideale per le radici delle azalee, mentre l'aggiunta di materiali come la corteccia di pino contribuisce a mantenere costante l'acidità del suolo.

Seguendo queste indicazioni, le tue azalee avranno le migliori condizioni per prosperare e regalare fioriture spettacolari, valorizzando qualsiasi giardino o spazio verde.

Capitolo 3: Piantare le azalee

Piantare le azalee è un momento cruciale per garantire la salute e la bellezza delle piante nel tempo. Queste piante ornamentali, famose per i loro fiori vivaci e il fogliame lucido, richiedono condizioni specifiche per prosperare. La scelta del momento giusto, le tecniche di impianto e la corretta preparazione del sito di piantagione sono essenziali per creare un ambiente favorevole alla crescita delle azalee. In questo capitolo, esploreremo in dettaglio quando e come piantare queste magnifiche piante, garantendo un'ottima partenza per il loro sviluppo.

3.1 **Quando piantare**

La scelta del periodo per piantare le azalee è fondamentale e può influenzare notevolmente la loro crescita e il loro sviluppo. Le azalee possono essere piantate sia in autunno che in primavera, ma le condizioni climatiche e le pratiche locali possono determinare la scelta del momento più opportuno.

Piantagione in primavera

La primavera è uno dei periodi migliori per piantare azalee, soprattutto in zone con inverni rigidi. In questo periodo, il terreno inizia a riscaldarsi, e le piante possono adattarsi rapidamente alle nuove condizioni. È importante piantare dopo l'ultimo gelo, quando il rischio di temperature basse è minimo.

Vantaggi della piantagione in primavera:

- Le azalee hanno una lunga stagione di crescita prima dell'arrivo dell'inverno, il che consente alle radici di svilupparsi e stabilizzarsi.

- Con le temperature più calde, le piante sono più attive e pronte a germogliare.

Piantagione in autunno

L'autunno è un'altra opzione valida per piantare azalee, specialmente nelle regioni più miti. Piantare in questo periodo consente alle piante di adattarsi alle condizioni del suolo mentre la crescita vegetativa è in fase di rallentamento. È consigliabile piantare almeno 4-6 settimane prima dell'arrivo del gelo, per dare tempo alle radici di stabilizzarsi prima dell'inverno.

Vantaggi della piantagione in autunno:

- Il terreno è ancora caldo, il che stimola una buona crescita radicale.

- Le piante avranno meno stress da calore e possono avvantaggiarsi della pioggia autunnale.

Fattori climatici da considerare

Indipendentemente dalla stagione, è importante considerare le condizioni climatiche specifiche della propria regione. In climi più caldi, la piantagione può essere effettuata durante gran parte dell'anno, mentre in zone con estati molto calde e secche è meglio piantare in primavera o all'inizio dell'autunno, per evitare lo stress idrico.

3.2 **Tecniche di piantagione**

Una volta scelto il periodo giusto per piantare, è importante seguire alcune tecniche di piantagione per garantire che le azalee abbiano le migliori condizioni per prosperare. Le tecniche da seguire includono la distanza di impianto, la profondità e le modalità di piantamento.

3.2.1 **Distanza di impianto**

La distanza di impianto è un aspetto cruciale da considerare per garantire che le azalee abbiano spazio sufficiente per svilupparsi correttamente e per garantire una buona circolazione dell'aria. È importante evitare di piantare troppo vicino l'una all'altra, poiché questo può portare a problemi di competizione per le risorse e ad un aumento del rischio di malattie fungine.

Fattori da considerare per la distanza di impianto:

- **Varietà di azalea**: Le diverse varietà di azalee hanno dimensioni e forme diverse, e questo influenzerà la distanza di impianto.

  - Le varietà **compatte** e a crescita lenta possono essere piantate più vicine (da 45 a 60 cm di distanza).

  - Le varietà **più grandi** e a crescita rapida, come alcune azalee decidue, richiedono più spazio (da 90 a 120 cm di distanza).

- **Condizioni di crescita**: Se le azalee vengono piantate in condizioni di ombra, possono essere piantate più vicine, poiché non cresceranno tanto quanto in pieno sole. Tuttavia, se piantate in pieno sole, è meglio rispettare le distanze maggiori.

- **Effetto estetico**: Considera l'aspetto finale desiderato per il tuo giardino. Una piantagione più fitta creerà un effetto più rigoglioso e cespuglioso, mentre una piantagione più sparse permette di evidenziare ogni singola pianta.

Raccomandazioni generali per la distanza di impianto:

- Per le azalee sempreverdi: **60-90 cm** tra le piante.

- Per le azalee decidue: **90-120 cm** tra le piante.

3.2.2 **Profondità e modalità di piantamento**

La profondità di piantamento è altrettanto importante per garantire che le azalee crescano in modo sano e vigoroso. Una piantagione corretta aiuta a stabilire un buon sistema radicale e riduce il rischio di marciume radicale.

Profondità di piantamento

La profondità ottimale per piantare le azalee è un fattore che deve essere attentamente considerato. È importante non piantare l'azalea troppo in profondità, poiché le radici hanno bisogno di ossigeno per svilupparsi correttamente. Ecco alcune linee guida:

- **Scavare la buca**: La buca di piantamento deve essere larga almeno due volte il diametro della zolla di radici e profonda quanto il vaso in cui è stata coltivata. Tuttavia, è meglio che la parte superiore della zolla sia a livello o leggermente sopra il terreno circostante.

- **Verifica la zolla di radici**: Se la zolla di radici è troppo profonda rispetto alla superficie del terreno, potrebbe essere necessario ridurre la profondità della buca. La parte superiore della zolla deve essere visibile e non coperta da terreno.

Modalità di piantamento

Le modalità di piantamento sono altrettanto fondamentali. Ecco alcuni passi da seguire per piantare correttamente un'azalea:

1. **Preparazione della buca**: Scava una buca di dimensioni appropriate, come descritto in precedenza, e assicurati che il fondo sia allentato per favorire la penetrazione delle radici.

2. **Aggiunta di substrato**: Prima di inserire l'azalea nella buca, è utile mescolare una parte di compost con il terreno estratto dalla buca. Questo aiuterà a fornire nutrienti alle radici.

3. **Posizionamento della pianta**: Posiziona l'azalea nella buca, assicurandoti che sia ben centrata e che la parte superiore della zolla sia a livello o leggermente sopra il suolo circostante.

4. **Riempimento della buca**: Riempire

delicatamente la buca con il terreno estratto, facendo attenzione a non danneggiare le radici. Comprimi leggermente il terreno attorno alla base della pianta per eliminare sacche d'aria.

5. **Irrigazione**: Dopo la piantagione, innaffia generosamente l'azalea. Questo aiuterà a stabilire il contatto tra le radici e il terreno circostante, riducendo il rischio di shock da trapianto. È importante mantenere il terreno umido, ma non inzuppato, nei giorni successivi.

6. **Mulching**: Aggiungi uno strato di **mulch** (pacciamatura) attorno alla base della pianta. Questo aiuterà a mantenere l'umidità del suolo, a sopprimere le erbacce e a mantenere una temperatura del suolo stabile. Utilizza materiali come corteccia di pino, paglia o foglie secche.

Controllo post-piantagione

Dopo aver piantato le azalee, è fondamentale

monitorare le condizioni del suolo e delle piante. Controlla regolarmente l'umidità del terreno e assicurati di innaffiare quando necessario, soprattutto durante i periodi di siccità. Osserva anche eventuali segni di stress, come foglie ingiallite o appassite, che potrebbero indicare problemi di drenaggio o nutrienti. Inoltre, è utile applicare un fertilizzante a lento rilascio specifico per piante acidofile, seguendo le istruzioni del produttore.

Conclusioni

Piantare le azalee richiede attenzione e cura, ma con le giuste pratiche si può garantire che queste piante ornamentali prosperino e fioriscano in tutto il loro splendore. Scegliere il momento giusto per piant

are, seguire le tecniche adeguate riguardo alla distanza e alla profondità, e adottare una buona manutenzione post-piantagione sono tutti fattori chiave per il successo della coltivazione delle azalee.

Preparare correttamente il sito di piantagione, conoscere le esigenze specifiche di ciascuna varietà e monitorare costantemente le condizioni di crescita porterà a risultati soddisfacenti, trasformando il giardino in un luogo incantevole dove queste piante potranno mostrare la loro bellezza e i loro colori vivaci per molti anni a venire.

Capitolo 4: Cura e manutenzione delle azalee

Le azalee, con la loro bellezza straordinaria e la loro versatilità, sono una scelta popolare per molti giardini e paesaggi. Per mantenere le azalee in salute e garantire una fioritura abbondante, è fondamentale seguire pratiche di cura e manutenzione adeguate. Questo capitolo fornirà indicazioni dettagliate su come gestire le esigenze di irrigazione, concimazione e potatura delle azalee, contribuendo così a mantenerle vigorose e rigogliose nel tempo.

4.1 **Irrigazione**

L'irrigazione è uno degli aspetti più critici nella cura delle azalee. Queste piante, che preferiscono terreni umidi ma ben drenati, necessitano di un'adeguata fornitura d'acqua per prosperare. La quantità e la frequenza dell'irrigazione dipendono da diversi fattori, come il tipo di terreno, il clima e l'età delle piante.

4.1.1 **Frequenza e metodo**

Frequenza

- **Azalee giovani**: Le azalee appena piantate richiedono un'irrigazione più frequente, specialmente durante i primi mesi di adattamento. È consigliabile innaffiare ogni 2-3 giorni, assicurandosi che il terreno rimanga costantemente umido.

- **Azalee mature**: Una volta stabilite, le azalee possono essere irrigate con meno frequenza. Generalmente, è opportuno innaffiare ogni settimana, aumentando la frequenza durante i periodi di caldo intenso o di siccità.

- **Controllo dell'umidità del suolo**: È sempre bene controllare il terreno con il dito: se il primo centimetro di terreno è asciutto, è il momento di innaffiare. Se il terreno è umido, si può aspettare.

Metodo di irrigazione

- **Irrigazione a goccia**: Questa è una delle migliori tecniche per innaffiare le azalee, poiché fornisce acqua direttamente alle radici senza bagnare le foglie. Questo metodo riduce il rischio di malattie fungine e marciume radicale.

- **Innaffiatura manuale**: Se si utilizza un annaffiatoio o un tubo, è importante dirigere l'acqua alla base della pianta piuttosto che spruzzarla sulle foglie.

- **Mulching**: L'uso di pacciame organico aiuta a mantenere l'umidità del suolo, riducendo la necessità di irrigazione frequente. Un buon strato di pacciame di circa 5-10 cm aiuterà a trattenere l'umidità e a mantenere la temperatura del suolo.

4.2 **Concimazione**

La concimazione è essenziale per fornire alle azalee i nutrienti necessari per una crescita sana e una fioritura abbondante. Le azalee prosperano in terreni acidi e ricchi di sostanza organica; pertanto, è fondamentale scegliere i giusti tipi di fertilizzanti e applicarli nei momenti opportuni.

4.2.1 **Tipi di fertilizzanti**

Ci sono diversi tipi di fertilizzanti adatti per le azalee, ognuno con le proprie caratteristiche e vantaggi.

- **Fertilizzanti a lento rilascio**: Questi fertilizzanti rilasciano nutrienti gradualmente nel tempo, riducendo il rischio di sovradosaggio e fornendo nutrienti costanti per la pianta. Sono ideali per le azalee, poiché offrono un apporto continuo di nutrienti senza il rischio di bruciature.

- **Fertilizzanti solubili in acqua**: Questi fertilizzanti sono più concentrati e forniscono nutrienti rapidamente. Possono essere utilizzati durante la stagione di crescita, seguendo le indicazioni per il dosaggio.

- **Fertilizzanti organici**: Compost, letame

ben decomposto e altri ammendanti organici possono migliorare la struttura del suolo e aumentare il contenuto di sostanza organica. Inoltre, forniscono nutrienti essenziali per la crescita delle azalee.

4.2.2 **Dosaggio e tempistiche**

- **Fertilizzanti a lento rilascio**: Applicare al momento della piantagione e successivamente ogni 6-8 mesi. Seguire le indicazioni del produttore per quanto riguarda il dosaggio, che di solito è basato sulla superficie del terreno (ad esempio, 1-2 tazze per pianta).

- **Fertilizzanti solubili in acqua**: Utilizzare ogni 4-6 settimane durante la stagione di crescita, a partire dalla primavera fino all'autunno. Diluirli secondo le istruzioni e applicare direttamente al terreno umido per evitare il rischio di bruciature.

- **Fertilizzanti organici**: Applicare compost o letame maturo in autunno o all'inizio della primavera, distribuendo uno strato di circa 5 cm intorno alla base della pianta.

4.3 **Potatura**

La potatura è una pratica fondamentale per mantenere la salute e la forma delle azalee. Una potatura corretta aiuta a rimuovere il legno morto, stimola la crescita di nuovi germogli e favorisce una fioritura abbondante. Tuttavia, è importante sapere quando e come potare per non danneggiare le piante.

4.3.1 **Quando e come potare**

La potatura delle azalee può essere effettuata in diversi momenti, ma il periodo migliore è subito dopo la fioritura. Questo permette alla pianta di riprendersi e sviluppare nuovi germogli per la stagione successiva.

- **Azalee decidue**: Potare subito dopo la fioritura, di solito tra la fine di maggio e l'inizio di giugno. Questo consente alla pianta di sviluppare gemme floreali per l'anno successivo.

- **Azalee sempreverdi**: Anche per le sempreverdi, la potatura avviene dopo la fioritura. Se necessario, una leggera potatura può essere fatta in inverno per rimuovere eventuali rami danneggiati dal freddo.

Tecniche di potatura

- **Rimozione dei fiori appassiti**: Eliminare i fiori appassiti subito dopo la fioritura aiuta a prevenire la formazione di semi e a concentrare l'energia della pianta nella produzione di nuovi fiori.

- **Potatura di ringiovanimento**: Se un'azalea è diventata troppo grande o ha perso la sua forma, è possibile eseguire una potatura di ringiovanimento. Questa tecnica prevede la rimozione di rami più vecchi e la riduzione dell'altezza della pianta.

- **Potatura correttiva**: Rimuovere i rami incrociati o danneggiati per migliorare la circolazione dell'aria e ridurre il rischio di malattie fungine. Utilizzare sempre attrezzi affilati e puliti per evitare infezioni.

- **Formazione della pianta**: Se si desidera una forma specifica per la pianta, come un cespuglio denso o una forma più aperta, è possibile modellare la pianta durante la potatura. Assicurati di mantenere la simmetria e la proporzione durante il processo.

Conclusioni

La cura e la manutenzione delle azalee richiedono attenzione e pratiche costanti, ma i risultati sono ampiamente gratificanti. Una corretta irrigazione, una concimazione adeguata e una potatura ben pianificata possono fare la differenza nella salute e nella bellezza delle piante.

L'irrigazione deve essere effettuata in modo attento, con particolare attenzione a non lasciare il terreno asciutto o troppo bagnato.

La concimazione, con l'uso di fertilizzanti appropriati, contribuirà a fornire i nutrienti necessari per una crescita sana e rigogliosa. Infine, la potatura è un processo che, se eseguito correttamente, migliora la fioritura e la forma della pianta.

Adottando queste pratiche di cura, gli amanti delle azalee possono godere di una fioritura abbondante e di piante sane e rigogliose, trasformando il giardino in uno spazio incantevole e ricco di colori. Con un po' di impegno e attenzione, le azalee possono diventare una meravigliosa aggiunta a qualsiasi paesaggio, regalando fioriture spettacolari stagione dopo stagione.

Capitolo 5: Protezione delle azalee

La protezione delle azalee è un aspetto fondamentale per mantenere la loro bellezza e salute. Queste piante, sebbene siano relativamente resistenti, possono essere vulnerabili a varie malattie e parassiti che possono compromettere il loro sviluppo e la loro fioritura. Comprendere le malattie comuni, identificare i parassiti e adottare tecniche di prevenzione sono passi essenziali per garantire che le azalee rimangano vivaci e rigogliose. In questo capitolo, esploreremo in dettaglio le malattie e i parassiti che colpiscono le azalee, insieme ai sintomi, ai rimedi e alle strategie di prevenzione.

5.1 **Malattie comuni**

Le malattie delle azalee possono essere causate da funghi, batteri o virus. Queste malattie possono manifestarsi con diversi sintomi e, se non trattate, possono portare a danni significativi. È importante riconoscere i sintomi precocemente per intervenire con i rimedi più appropriati.

5.1.1 **Sintomi e rimedi**

1. **Ruggine delle azalee (Puccinia azaleae)**

   - **Sintomi**: Si presenta con macchie arancioni o gialle sulla parte superiore delle foglie, mentre sotto si possono osservare pustole di colore marrone. Le foglie colpite possono ingiallire e cadere prematuramente.

   - **Rimedi**: Rimuovere e distruggere le foglie infette. Applicare fungicidi sistemici o a contatto come il solfato di rame o il fungicida a base di azoxystrobin. Assicurarsi di migliorare la circolazione dell'aria potando la pianta e diradando la vegetazione circostante.

2. **Marciume radicale (Phytophthora spp.)**

   - **Sintomi**: Le radici marciscono e si presentano con un odore sgradevole. Le foglie ingialliscono e si seccano, e la pianta può apparire stentata e in fase di morte.

- **Rimedi**: È fondamentale migliorare il drenaggio del terreno e, se possibile, rimuovere la pianta infetta e sostituire il terreno con uno fresco e ben drenato. Può essere utile trattare il terreno con fungicidi specifici per il marciume radicale.

3. **Oidio (Sphaerotheca pannosa)**

- **Sintomi**: Si manifesta con una patina biancastra sulle foglie e sui fiori, simile a polvere. Le foglie possono deformarsi e cadere prematuramente.

- **Rimedi**: Rimuovere le parti colpite e migliorare la circolazione dell'aria intorno alle piante. Trattare con fungicidi specifici per oidio o con una soluzione di bicarbonato di sodio (un cucchiaio in un litro d'acqua) per ridurre la diffusione.

4. **Macchie fogliari (Colletotrichum spp.)**

- **Sintomi**: Si manifestano con macchie

scure o gialle sulle foglie. Le macchie possono ingrandirsi e causare la morte della foglia.

- **Rimedi**: Potare le foglie colpite e migliorare la circolazione dell'aria. Applicare fungicidi a base di rame o fungicidi sistemici.

5. **Clorosi**

- **Sintomi**: Le foglie ingialliscono, mentre le venature rimangono verdi. Questo è spesso causato da carenze di nutrienti, in particolare di ferro.

- **Rimedi**: Applicare un chelato di ferro e garantire che il terreno sia acido, poiché un pH elevato può ridurre l'assorbimento di nutrienti.

5.2 **Parassiti**

Oltre alle malattie, le azalee possono essere minacciate da vari parassiti che possono danneggiare le piante in modo significativo. La gestione efficace di questi parassiti è essenziale per mantenere la salute delle azalee.

5.2.1 **Identificazione e gestione**

1. **Afidi**

   - **Identificazione**: Gli afidi sono insetti molto piccoli, di solito verdi o neri, che si raggruppano sulle foglie e sui germogli giovani. Possono trasmettere virus e causare deformazioni.

   - **Gestione**: Rimuovere gli afidi manualmente con un getto d'acqua forte o utilizzare sapone insetticida o olio di neem per controllare la popolazione. Inoltre, incoraggiare predatori naturali come coccinelle e crisopidi.

2. **Cocciniglie**

   - **Identificazione**: Piccole scaglie bianche o marroni che si attaccano alle foglie e ai rami. Possono lasciare una sostanza appiccicosa (melata) sulle foglie.

- **Gestione**: Rimuovere manualmente le cocciniglie e applicare olio di neem o un insetticida specifico. In casi gravi, può essere necessario utilizzare un trattamento sistemico.

3. **Acari**

- **Identificazione**: Gli acari sono organismi microscopici che possono causare ingiallimento e macchie sulle foglie. Sotto infestazioni gravi, si può osservare una fine ragnatela sul lato inferiore delle foglie.

- **Gestione**: Aumentare l'umidità intorno alle piante e utilizzare insetticidi specifici per acari. Il sapone insetticida può essere efficace per controllare le popolazioni.

4. **Balanino delle azalee (Rhopalomyia viola)**

- **Identificazione**: Le larve di questo insetto danneggiano i boccioli fiorali, causando la caduta prematura dei fiori. Le foglie possono apparire stentate e danneggiate.

- **Gestione**: Rimuovere i fiori

danneggiati e potare le parti infette. Applicare insetticidi specifici per il balanino.

5. **Coleotteri**

   - **Identificazione**: Questi insetti possono rosicchiare foglie e petali, causando danni estetici. Possono variare in colore e dimensioni.

   - **Gestione**: Raccogliere manualmente i coleotteri o utilizzare trappole adesive. In caso di infestazioni elevate, applicare insetticidi specifici.

5.3 **Tecniche di prevenzione**

La prevenzione è il modo migliore per garantire che le azalee rimangano sane e vigorose. Adottare misure preventive può ridurre notevolmente il rischio di malattie e infestazioni di parassiti.

1. **Scelta della posizione**

- Posizionare le azalee in aree con una buona circolazione dell'aria e con esposizione alla luce solare indiretta. L'ombreggiatura parziale può essere vantaggiosa per ridurre lo stress idrico e il calore eccessivo, che possono rendere le piante più vulnerabili.

2. **Mantenimento del terreno**

- Utilizzare un terreno ben drenato e acido. Integrare il terreno con compost e sostanze organiche per migliorare la struttura del suolo e fornire nutrienti.

3. **Rotazione delle colture**

- Cambiare la posizione delle azalee ogni qualche anno per prevenire l'accumulo di patogeni nel terreno. Se possibile, alternare la piantagione di azalee con piante che non sono suscettibili alle stesse malattie.

4. **Controllo dell'umidità**

- Monitorare l'umidità del terreno e delle piante. Non innaffiare eccessivamente, poiché il terreno troppo umido può favorire malattie fungine. Utilizzare pacciame per mantenere l'umidità e controllare la temperatura del suolo.

5. **Ispezione regolare**

- Controllare frequentemente le azalee per rilevare segni di malattie o parassiti. L'ispezione tempestiva permette di intervenire prima che i problemi diventino gravi.

6. **Trattamenti preventivi**

- Applicare fungicidi preventivi durante la stagione di crescita, soprattutto in aree dove le malattie sono comuni. Utilizzare insetticidi naturali o a base di neem per proteggere le piante dai parassiti.

7. **Mantenere la pulizia del giardino**

- Rimuovere detriti, foglie morte e materiali vegetali in decomposizione attorno alle piante. Questi materiali possono ospitare patogeni e parassiti.

La protezione delle azalee richiede un approccio proattivo e informato. Comprendere le malattie comuni e i parassiti che possono affliggere queste piante, insieme ai sintomi e ai rimedi appropriati, è fondamentale per mantenere le azalee sane e floride. Inoltre, l'adozione di tecniche di prevenzione può ridurre significativamente il rischio di problemi, garantendo che queste splendide piante continuino a prosperare.

Con le giuste pratiche di cura, le azalee possono diventare un elemento fondamentale di ogni giardino, regalando fioriture spettacolari e una bellezza duratura. Essere vigili e informati è la chiave per una coltivazione di successo, e con un po' di attenzione e dedizione, gli amanti delle azalee possono godere di piante sane e rigogliose per molti anni a venire.

Capitolo 6: Fiori e fioritura

Le azalee sono famose per la loro straordinaria fioritura, che colora i giardini e i paesaggi con una varietà di sfumature vivaci. La fioritura di queste piante non solo offre una spettacolare esposizione visiva, ma è anche un indicatore della salute generale delle piante. Comprendere il periodo di fioritura delle azalee, come stimolare una fioritura abbondante e come conservare i fiori recisi può contribuire a valorizzare ulteriormente la bellezza di queste piante. In questo capitolo, esploreremo questi aspetti cruciali.

6.1 **Periodo di fioritura**

Il periodo di fioritura delle azalee varia in base a diversi fattori, tra cui la varietà specifica, le condizioni climatiche e le pratiche di coltivazione. In generale, la maggior parte delle azalee fiorisce in primavera, ma ci sono differenze significative tra le diverse specie.

Varietà e tempi di fioritura

1. **Azalee decidue**:

   - **Fioritura**: Le azalee decidue fioriscono di solito tra marzo e maggio. Le varietà come l'Azalea mollis e l'Azalea luteum possono iniziare a fiorire già all'inizio di marzo, mentre altre varietà possono prolungare la loro fioritura fino a maggio.

   - **Durata**: La durata della fioritura varia, ma in genere le azalee decidue fioriscono per circa 2-3 settimane. Le condizioni climatiche possono influenzare questo periodo: temperature più elevate possono accelerare la fioritura, mentre il freddo prolungato può ritardarla.

2. **Azalee sempreverdi**:

   - **Fioritura**: Le azalee sempreverdi, come l'Azalea japonica, tendono a fiorire un po' più tardi, generalmente da aprile a giugno. Alcune varietà possono continuare a fiorire fino all'inizio dell'estate.

- **Durata**: Anche in questo caso, la durata della fioritura è di circa 2-4 settimane, a seconda della varietà e delle condizioni ambientali.

Influenza del clima e delle condizioni di crescita

- **Clima**: Le azalee prosperano meglio in climi temperati, dove le temperature primaverili non sono troppo estreme. Le gelate tardive possono danneggiare i boccioli floreali, riducendo la fioritura.

- **Condizioni di crescita**: La qualità del suolo, l'esposizione al sole e l'umidità possono influenzare il periodo di fioritura. Un terreno acido e ben drenato, insieme a una buona esposizione alla luce indiretta, contribuirà a una fioritura sana.

6.2 **Stimolare la fioritura**

Stimolare la fioritura delle azalee è un obiettivo comune tra i giardinieri. Esistono diverse pratiche e tecniche che possono essere adottate per massimizzare la produzione di fiori.

Pratiche di coltivazione

1. **Concimazione**:

   - L'uso di fertilizzanti specifici per azalee, a base di sostanze nutrienti come azoto, fosforo e potassio, è cruciale. Il fosforo, in particolare, è noto per promuovere la fioritura. Applicare un fertilizzante a rilascio controllato in primavera, prima dell'inizio della fioritura, può fornire nutrienti essenziali alle piante.

   - È anche utile integrare fertilizzanti organici come compost o letame ben decomposto, che migliorano la struttura del suolo e forniscono nutrienti in modo graduale.

2. **Irrigazione**:

   - Mantenere un'adeguata umidità del suolo è fondamentale. Le azalee necessitano di un'irrigazione regolare, soprattutto durante la fase di sviluppo dei boccioli. Evitare sia l'eccesso di acqua, che può causare marciume radicale, sia la secchezza, che può compromettere la fioritura.

- In estate, specialmente in periodi di caldo intenso, è utile annaffiare in profondità e meno frequentemente, per incoraggiare lo sviluppo di radici profonde.

3. **Potatura**:

- Potare le azalee subito dopo la fioritura aiuta a stimolare la crescita di nuovi germogli e fiori per la stagione successiva. Rimuovere i rami morti o malati e diradare le aree affollate migliora la circolazione dell'aria, riducendo il rischio di malattie e promuovendo la fioritura.

- Una potatura correttiva invernale può anche aiutare a formare la pianta e favorire una fioritura più abbondante.

4. **Controllo della temperatura**:

- Le azalee sono sensibili alle temperature estreme. Proteggere le piante dalle gelate tardive coprendole con teli non tessuti o foglie secche durante le notti fredde può preservare i boccioli fiorali.

- Durante i periodi di calore eccessivo, è importante fornire ombreggiature temporanee per prevenire lo stress termico.

5. **Pacciamatura**:

- Applicare uno strato di pacciame organico intorno alla base delle azalee non solo aiuta a mantenere l'umidità del suolo, ma anche a stabilizzare la temperatura del terreno. Questo può contribuire a un ambiente favorevole per la fioritura.

6. **Promozione della biodiversità**:

- Attirare impollinatori come api e farfalle nel giardino può aumentare la produzione di fiori. Piantare fiori e piante complementari nelle vicinanze favorisce un ecosistema sano.

6.3 **Conservazione dei fiori recisi**

I fiori recisi delle azalee possono essere

utilizzati per decorazioni, bouquet e composizioni floreali. Conservare questi fiori in modo corretto è fondamentale per mantenerne la freschezza e la bellezza.

Tecniche di conservazione

1. **Raccolta dei fiori**:

   - Raccogliere i fiori al mattino presto o nel tardo pomeriggio quando le temperature sono più fresche. Utilizzare forbici affilate e pulite per effettuare un taglio obliquo, che aumenta l'area di assorbimento dell'acqua.

   - Assicurarsi che i fiori siano completamente aperti per garantire una buona fioritura, ma non devono essere troppo maturi per evitare di appassire rapidamente.

2. **Preparazione dei fiori**:

   - Rimuovere le foglie che si trovano sotto la linea dell'acqua nel vaso per evitare la decomposizione e l'accumulo di batteri.

   - Se i fiori hanno steli particolarmente lunghi, è possibile accorciarli ulteriormente in base alle esigenze del bouquet o della composizione.

3. **Innaffiatura**:

   - Mettere immediatamente i fiori in un recipiente con acqua fresca dopo la raccolta. Utilizzare acqua tiepida, poiché favorisce una migliore assorbimento rispetto all'acqua fredda.

   - Cambiare l'acqua ogni 2-3 giorni per mantenere i fiori freschi e puliti.

4. **Conservazione in frigorifero**:

   - Per una conservazione più prolungata, è possibile riporre i fiori in frigorifero per alcune ore, soprattutto se non vengono utilizzati immediatamente. Questo rallenta il processo di appassimento e mantiene i fiori freschi più a lungo.

5. **Uso di conservanti floreali**:

   - Aggiungere conservanti floreali all'acqua

del vaso può prolungare la vita dei fiori recisi. Questi prodotti contengono zuccheri e agenti antibatterici che migliorano l'assorbimento dell'acqua e ritardano l'appassimento.

- In alternativa, si possono utilizzare soluzioni fatte in casa, come una miscela di acqua, zucchero e qualche goccia di candeggina per ridurre la crescita batterica.

6. **Composizioni floreali**:

- Creare composizioni floreali con azalee recise può essere un'ottima opportunità per sfruttare la loro bellezza. Assicurarsi di combinare le azalee con altri fiori che hanno esigenze simili in termini di luce e umidità.

7. **Essiccazione**:

- Se si desidera conservare i fiori per usi decorativi futuri, è possibile essiccarli. Legare i gambi in piccoli mazzi e appenderli a testa in giù in un luogo fresco e buio per alcune settimane, fino a quando non saranno completamente asciutti. In alternativa, è possibile utilizzare metodi di essiccazione al silice o nel microonde per risultati più rapidi.

La fioritura delle azalee è uno spettacolo affascinante che arricchisce i giardini e gli spazi esterni. Comprendere il periodo di fioritura, le tecniche per stimolarla e come conservare i fiori recisi è essenziale per apprezzare al massimo la bellezza di queste piante. Con le giuste pratiche e attenzioni, gli amanti delle azalee possono godere di una fioritura abbondante e di fiori recisi freschi, creando atmosfere incantevoli in ogni ambiente. La dedizione e la cura sono la chiave per garantire che le azalee continuino a regalare il loro spettacolare spettacolo floreale anno dopo anno.

Capitolo 7: Coltivazione in vaso

La coltivazione delle azalee in vaso è un modo popolare e pratico per godere della bellezza di queste piante anche in spazi ridotti, come terrazze, balconi o giardini urbani. Le azalee, con i loro fiori colorati e il fogliame rigoglioso, possono trasformare qualsiasi ambiente in un angolo di paradiso floreale. Tuttavia, la coltivazione in vaso richiede attenzioni specifiche e pratiche diverse rispetto alla coltivazione in piena terra. In questo capitolo, esploreremo la scelta del vaso più adatto e le cure specifiche necessarie per garantire una crescita sana e rigogliosa delle azalee in vaso.

7.1 **Scelta del vaso**

La scelta del vaso è un passo fondamentale per la coltivazione delle azalee in vaso. Un vaso inadeguato può compromettere la salute delle piante e ridurre la loro capacità di fiorire.

Dimensioni del vaso

1. **Capacità**:

   - Scegliere un vaso che abbia una capacità adeguata per le radici delle azalee. Un vaso troppo piccolo può limitare lo sviluppo delle radici e compromettere la salute della pianta. In generale, le azalee giovani possono essere piantate in vasi con un diametro di circa 20-30 cm, mentre le piante più mature richiederanno vasi più grandi, fino a 40-50 cm di diametro.

2. **Profondità**:

   - Le azalee hanno radici relativamente superficiali, quindi un vaso profondo non è sempre necessario. Un vaso di circa 30 cm di profondità è generalmente sufficiente, ma è importante garantire che ci sia abbastanza spazio per le radici di espandersi lateralmente.

Materiali del vaso

1. **Terracotta**:

- I vasi in terracotta sono traspiranti e favoriscono un buon drenaggio, permettendo alle radici di respirare. Tuttavia, tendono ad asciugarsi rapidamente, quindi è necessario monitorare l'umidità del suolo più frequentemente.

2. **Plastica**:

- I vasi in plastica sono leggeri e facili da maneggiare. Offrono una buona ritenzione dell'umidità, ma possono trattenerne troppa, aumentando il rischio di marciume radicale se non si prevede un adeguato drenaggio.

3. **Fibra di cocco e materiali compostabili**:

- Vasi realizzati con fibra di cocco o altri materiali compostabili sono opzioni ecologiche. Questi vasi favoriscono un buon drenaggio e sono biodegradabili, ma la loro durabilità è limitata.

Drenaggio

- Indipendentemente dal materiale scelto, è fondamentale assicurarsi che il vaso abbia fori di drenaggio adeguati. Questi fori consentono all'acqua in eccesso di defluire, prevenendo l'accumulo d'acqua che può portare a marciume radicale. Se si utilizza un vaso senza fori, è importante creare uno strato di drenaggio sul fondo, utilizzando materiali come ghiaia, perlite o argilla espansa.

Estetica e funzionalità

- Considerare anche l'estetica del vaso. Esistono numerosi design e colori disponibili, e un vaso attraente può aggiungere valore decorativo al proprio spazio. Tuttavia, la funzionalità deve sempre essere la priorità principale. Scegliere un vaso che completi lo stile del giardino o del balcone, senza compromettere la salute delle piante.

7.2 **Cure specifiche per azalee in vaso**

Coltivare azalee in vaso richiede alcune cure

specifiche per garantire che le piante prosperino e producano fiori abbondanti. Di seguito sono riportate alcune linee guida chiave.

Irrigazione

1. **Frequenza**:

   - Le azalee in vaso richiedono un'irrigazione regolare. Poiché i vasi tendono ad asciugarsi più rapidamente rispetto al terreno, è importante controllare l'umidità del suolo frequentemente. Un buon metodo è quello di inserire un dito nel terreno fino a una profondità di circa 5 cm: se il terreno è asciutto, è il momento di annaffiare.

2. **Tecnica**:

   - Annaffiare lentamente e uniformemente, in modo che l'acqua possa penetrare nel terreno senza creare pozzanghere in superficie. Assicurarsi che l'acqua esca dai fori di drenaggio per garantire che tutte le radici ricevano umidità.

Concimazione

1. **Fertilizzanti**:

   - Utilizzare un fertilizzante specifico per azalee o piante acidofile, che contiene un buon equilibrio di nutrienti. Un fertilizzante a lento rilascio è consigliato, in quanto fornisce una nutrizione costante per un periodo prolungato.

2. **Tempi di applicazione**:

   - Concimare in primavera, quando le piante iniziano a vegetare, e di nuovo in estate per supportare la fioritura. Durante l'autunno e l'inverno, la concimazione non è necessaria, poiché le piante entrano in una fase di riposo.

Esposizione alla luce

- Le azalee preferiscono la luce solare filtrata o parziale. È consigliabile posizionare i vasi in luoghi dove ricevono luce indiretta per gran parte della giornata. Troppa luce solare diretta può bruciare le foglie, mentre l'ombra eccessiva possono ridurre la fioritura.

Temperature

- Le azalee sono piante sensibili alle temperature estreme. Durante l'estate, posizionare i vasi in luoghi ombreggiati per proteggerli dal calore eccessivo. In inverno, se il clima è particolarmente freddo, è possibile riparare i vasi in luoghi riparati o all'interno per evitare che il terreno si congeli.

Potatura

1. **Tempistiche**:

   - Le azalee in vaso richiedono una potatura regolare per mantenere la forma e stimolare la crescita. Potare subito dopo la fioritura è la pratica migliore, in modo da non compromettere la formazione dei boccioli per la stagione successiva.

2. **Tecniche di potatura**:

   - Rimuovere i fiori appassiti e i rami morti o malati. Anche un leggero diradamento delle branche può migliorare la circolazione dell'aria e favorire la fioritura.

Sostegno

- Le azalee più alte o con rami pesanti potrebbero aver bisogno di un supporto per evitare che i rami si pieghino o si spezzino. Utilizzare tutori o griglie appropriate, ma senza esagerare, per mantenere una certa naturalezza nella forma della pianta.

Controllo dei parassiti e malattie

- Monitorare regolarmente le azalee in vaso per segni di infestazioni o malattie. Le malattie fungine, gli afidi e le cocciniglie sono tra i problemi più comuni. È consigliabile utilizzare trattamenti biologici o chimici adeguati al momento della comparsa dei sintomi, seguendo sempre le istruzioni del prodotto.

Cambio del vaso

- Le azalee in vaso possono richiedere un rinvaso ogni 2-3 anni, o quando le radici iniziano a riempire completamente il vaso. Il rinvaso offre l'opportunità di rinnovare il terreno e di controllare le radici. Scegliere un vaso di dimensioni leggermente maggiori rispetto a quello precedente e assicurarsi di utilizzare un terreno adatto.

Pacciamatura

- Applicare uno strato di pacciame organico sulla superficie del terreno aiuta a mantenere l'umidità, controllare le erbe infestanti e migliorare la struttura del suolo. Utilizzare materiali come corteccia di pino o paglia, mantenendo un'altezza di circa 5 cm.

Coltivare azalee in vaso è un modo gratificante per godere della bellezza di queste piante in spazi ristretti. La scelta del vaso giusto, l'adozione di tecniche di irrigazione e concimazione appropriate e la cura continua sono essenziali per garantire che le azalee prosperino e fioriscano in modo abbondante. Seguendo le linee guida fornite in questo capitolo, anche i giardinieri principianti possono ottenere risultati straordinari, trasformando il loro spazio in un rifugio di fiori vivaci e profumati. Con la giusta attenzione e dedizione, le azalee in vaso possono continuare a stupire e a portare gioia per molti anni a venire.

Capitolo 8: Azalee e giardino

Le azalee non sono soltanto piante ornamentali, ma possono diventare il fulcro di giardini suggestivi grazie ai loro colori vivaci e alla loro capacità di adattarsi a diversi contesti paesaggistici. Combinare le azalee con altre piante complementari e pianificare accuratamente il design del giardino permette di ottenere spazi verdi equilibrati, armoniosi e accattivanti in tutte le stagioni. Questo capitolo esplorerà le migliori combinazioni vegetali e i principi del design da applicare per integrare al meglio le azalee in un progetto di giardinaggio.

8.1 Combinazioni con altre piante

Integrare le azalee con altre piante consente di valorizzare la loro bellezza, migliorare l'ecologia del giardino e creare un ambiente più vario e dinamico. La scelta delle piante complementari dovrebbe basarsi su alcune caratteristiche chiave:

- **Esigenze ambientali**: Le piante che condividono requisiti simili per quanto riguarda il pH, la luce e l'umidità del suolo si integrano meglio con le azalee.

- **Stagionalità**: Utilizzare piante con fioriture o foglie decorative in periodi diversi garantisce un giardino attraente tutto l'anno.

- **Contrasto e armonia**: Scegliere piante che creino contrasti cromatici o che si armonizzino con i colori dei fiori e del fogliame delle azalee arricchisce la composizione estetica.

Piante acidofile complementari

Le azalee prosperano in terreni acidi (con pH compreso tra 4.5 e 6). Pertanto, è ideale abbinarle con altre piante acidofile che condividono le stesse esigenze. Ecco alcune delle migliori combinazioni:

1. **Rododendri**:
   - Le azalee appartengono alla stessa famiglia

dei rododendri e si abbinano bene tra loro. I rododendri hanno fiori più grandi e vistosi e possono aggiungere verticalità e profondità al giardino. Piantare rododendri sullo sfondo delle azalee crea un effetto stratificato interessante.

2. **Camelie**:

 - Le camelie offrono fioriture precoci, talvolta durante l'inverno o all'inizio della primavera, anticipando quelle delle azalee. Questo garantisce una continuità di fioritura nel giardino.

3. **Pieris japonica**:

 - Con i suoi fiori a grappolo e le foglie giovani di colore rossastro, il Pieris japonica è una pianta ideale da combinare con le azalee. Inoltre, la sua fioritura avviene spesso contemporaneamente a quella delle azalee, creando un effetto coordinato.

4. **Ortensie**:

 - Le ortensie, con i loro fiori a palla o a

pannocchia, aggiungono un elemento interessante nel periodo estivo, dopo la fioritura delle azalee. La loro esigenza di terreno acido le rende una scelta perfetta per completare il ciclo stagionale.

Conifere e arbusti sempreverdi

Includere conifere e altri arbusti sempreverdi nel giardino offre struttura e interesse visivo durante tutto l'anno. Questi elementi fungono anche da sfondo per esaltare i colori vivaci delle azalee.

1. **Abeti nani e cipressi**:

   - Questi arbusti nani o a crescita lenta aggiungono una componente strutturale al giardino. La loro tonalità verde scuro crea un bel contrasto con i colori brillanti dei fiori di azalea.

2. **Bosso (Buxus sempervirens)**:

   - Il bosso è una pianta sempreverde che può essere sagomata in forme precise, come sfere o siepi. È spesso usato per creare bordure intorno alle azalee, dando al giardino un aspetto ordinato.

3. **Kalmia latifolia**:

- Con le sue foglie sempreverdi lucide e i fiori a forma di coppa, il Kalmia è un'ottima scelta per aggiungere diversità e bellezza al giardino insieme alle azalee.

Fiori di sottobosco e piante erbacee perenni

L'aggiunta di piante erbacee perenni sotto le azalee arricchisce l'ambiente e può coprire il terreno, mantenendolo fresco e umido.

1. **Felci**:

- Le felci amano l'ombra e l'umidità, rendendole perfette per essere piantate alla base delle azalee. Il loro fogliame delicato offre un piacevole contrasto con i fiori delle azalee.

2. **Hosta**:

   - Le hosta hanno foglie decorative di grandi dimensioni e si adattano bene alle aree ombreggiate. La loro bellezza si combina armoniosamente con le azalee.

3. **Erica e Calluna**:

   - Questi piccoli arbusti offrono fioriture nei periodi invernali e primaverili, contribuendo a prolungare il ciclo di bellezza del giardino.

Piante bulbose

Le piante bulbose possono essere utilizzate per riempire i vuoti tra le azalee durante la stagione invernale e primaverile.

1. **Tulipani e narcisi**:

   - Piantare bulbi primaverili tra le azalee consente di godere di fiori brillanti prima che le azalee inizino la loro fioritura principale.

2. **Ciclamini**:

   - Ideali per le aree ombreggiate, i ciclamini fioriscono durante l'inverno e arricchiscono il giardino nei mesi più freddi.

8.2 Design del giardino con azalee

Progettare un giardino con azalee richiede attenzione ai dettagli per garantire un equilibrio tra estetica e funzionalità. Il design deve tenere conto delle esigenze di crescita delle azalee e della loro integrazione con altre piante, oltre a valorizzare i colori e le forme delle fioriture.

Principi di progettazione

1. **Progettazione stratificata**:

   - Organizzare le piante in livelli, con le azalee al centro o in primo piano e piante più alte come alberi o rododendri sullo sfondo. Le piante più basse, come hosta e felci, possono essere utilizzate come copertura del suolo.

2. **Colori e contrasti**:

   - Le azalee offrono fiori in una vasta gamma di colori, dal bianco al rosa, dal rosso al viola. È utile scegliere piante complementari che esaltino questi colori. Ad esempio, le foglie verde scuro delle conifere creano un contrasto elegante con i fiori rosa o bianchi delle azalee.

3. **Uso di bordure**:

   - Creare bordure con azalee può definire i percorsi del giardino e separare le diverse aree. L'uso di varietà a crescita bassa è ideale per le bordure, mentre le varietà più alte possono essere piantate lungo le recinzioni o i muri.

4. **Percorsi e punti focali**:

   - Le azalee possono essere utilizzate per evidenziare punti focali, come una fontana, una statua o una panchina. Collocare le piante lungo i percorsi guida naturalmente il visitatore attraverso il giardino.

5. **Pacciamatura e controllo dell'umidità**:

   - Utilizzare pacciame intorno alle azalee non solo aiuta a mantenere l'umidità del suolo, ma crea anche un aspetto ordinato e pulito nel giardino.

Giardini tematici con azalee

1. **Giardino giapponese**:

   - Le azalee sono spesso utilizzate nei giardini giapponesi, dove sono abbinate a bonsai, piante di bambù e pietre decorative. L'uso di acqua, come piccoli laghetti o ruscelli, completa l'atmosfera zen.

2. **Giardino boschivo**:

   - In un giardino boschivo, le azalee si combinano con felci, alberi e arbusti autoctoni, creando un ambiente naturale e rigoglioso.

3. **Giardino urbano su terrazza**:

   - Le azalee possono essere coltivate in vasi o fioriere su terrazze e balconi, creando un piccolo angolo di natura in contesti cittadini.

Manutenzione del giardino con azalee

- **Irrigazione**: Monitorare l'umidità del suolo e annaffiare regolarmente, specialmente durante i periodi caldi.

- **Concimazione**: Applicare fertilizzanti specifici per piante acidofile in primavera e in autunno.

- **Potatura**: Potare le azalee subito dopo la fioritura per mantenere la forma e stimolare la crescita.

- **Controllo delle malattie**: Monitorare le piante per prevenire attacchi parassitari che possono portare malattie alla pianta.

Capitolo 9: Varietà consigliate

Le azalee appartengono al genere *Rhododendron* e si dividono principalmente in due categorie: azalee decidue e azalee sempreverdi. Nel tempo, sono state sviluppate molte varietà e ibridi che offrono una vasta gamma di colori, dimensioni e caratteristiche di crescita. La scelta delle varietà giuste è essenziale per garantire che le piante prosperino nelle condizioni specifiche del giardino. In questo capitolo verranno descritte le azalee più popolari, con un focus su quelle più adatte al clima italiano, oltre a un glossario per chiarire i principali termini tecnici legati alla coltivazione.

9.1 Azalee più popolari

Esistono centinaia di varietà di azalee, ognuna con caratteristiche distintive in termini di altezza, colore, periodo di fioritura e resistenza. Di seguito, sono elencate alcune delle varietà più conosciute e apprezzate, organizzate per categoria.

Azalee sempreverdi

Queste varietà mantengono le foglie durante tutto l'anno, offrendo un verde rigoglioso anche nei mesi invernali. Di solito, le fioriture sono abbondanti e si concentrano in primavera.

1. **Rhododendron 'Gumpo White'**

   - **Caratteristiche**: Produce fiori bianchi grandi e leggermente ondulati.

   - **Altezza**: 60-90 cm.

   - **Ideale per**: Piccoli giardini o bordure.

   - **Fioritura**: Fine primavera.

2. **Rhododendron 'George L. Taber'**

   - **Caratteristiche**: I fiori sono rosa chiaro con sfumature bianche, creando un effetto delicato.

- **Altezza**: 1-1,5 metri.
- **Uso**: Ottima per siepi o gruppi di piante.

3. **Rhododendron 'Hino Crimson'**

   - **Caratteristiche**: Fiori di un rosso brillante che creano un contrasto spettacolare con le foglie verde scuro.
   - **Altezza**: Circa 1 metro.
   - **Resistenza**: Molto robusta e adatta a climi freschi.

4. **Rhododendron 'Elsie Lee'**

   - **Caratteristiche**: Fioritura lilla con sfumature rosa.
   - **Altezza**: 1-1,2 metri.
   - **Ideale per**: Balconi e terrazzi, grazie alla sua compattezza.

Azalee decidue

Le azalee decidue perdono le foglie in

autunno, ma spesso compensano con fioriture spettacolari e con un fogliame autunnale dai colori accesi.

1. **Rhododendron 'Golden Lights'**

   - **Caratteristiche**: Fiori giallo oro con petali leggermente increspati.

   - **Altezza**: Fino a 1,5 metri.

   - **Resistenza**: Molto tollerante al freddo.

2. **Rhododendron 'Northern Hi-Lights'**

   - **Caratteristiche**: Fiori bianchi con una macchia giallo brillante al centro.

   - **Altezza**: 1-1,2 metri.

   - **Uso**: Perfetta per giardini boschivi o aiuole.

3. **Rhododendron luteum**

   - **Caratteristiche**: Fiori giallo intenso e profumati. Le foglie assumono colori vivaci in autunno.

- **Altezza**: 1-2 metri.

- **Profumo**: Particolarmente apprezzata per la fragranza intensa.

4. **Rhododendron 'Fireball'**

   - **Caratteristiche**: Fiori arancioni vivaci che appaiono in grandi grappoli.

   - **Altezza**: 1,5 metri.

   - **Ideale per**: Zone soleggiate.

9.2 Raccomandazioni per il clima italiano

L'Italia presenta una notevole varietà di microclimi, che possono influire sulla scelta delle varietà di azalee più adatte. Di seguito, forniamo suggerimenti per le principali aree climatiche italiane.

Nord Italia

Nelle regioni del nord, caratterizzate da inverni freddi e umidi, è essenziale scegliere varietà resistenti al gelo. Le azalee decidue sono spesso la scelta migliore poiché tollerano bene il freddo.

- **Varietà consigliate**:

  - *Rhododendron 'Golden Lights'*

  - *Rhododendron 'Northern Hi-Lights'*

  - *Rhododendron luteum*

- **Consigli**: Pacciamare il terreno in inverno per proteggere le radici dal gelo. Posizionare le piante in luoghi soleggiati per sfruttare al massimo la luce disponibile.

Centro Italia

Il clima del centro Italia è generalmente mite, con estati calde e inverni non troppo rigidi. Qui è possibile coltivare un'ampia gamma di varietà di azalee, sia sempreverdi che decidue.

- **Varietà consigliate**:

  - *Rhododendron 'George L. Taber'*

  - *Rhododendron 'Hino Crimson'*

  - *Rhododendron 'Fireball'*

- **Consigli**: Assicurarsi che le piante abbiano un buon drenaggio per evitare ristagni d'acqua durante le piogge invernali.

Sud Italia e Isole

Al sud e nelle isole, il clima è caldo e secco durante l'estate, il che può rappresentare una sfida per le azalee. È importante scegliere varietà tolleranti al calore e fornire ombra durante le ore più calde della giornata.

- **Varietà consigliate**:

  - *Rhododendron 'Elsie Lee'*

  - *Rhododendron 'Gumpo White'*

- **Consigli**: Annaffiare regolarmente e

pacciamare il terreno per mantenere l'umidità. Preferire l'esposizione alla luce filtrata, come quella fornita da alberi ad alto fusto.

Glossario dei termini

Acidofilo: Pianta che predilige terreni con pH acido, solitamente compreso tra 4.5 e 6.

Deciduo: Pianta che perde le foglie durante la stagione invernale o secca.

Sempreverde: Pianta che mantiene il fogliame per tutto l'anno, anche durante l'inverno.

Ibrido: Pianta ottenuta incrociando due specie diverse per ottenere caratteristiche migliorate (es. maggiore resistenza o fioriture più spettacolari).

Pacciamatura: Tecnica di giardinaggio che consiste nel coprire il terreno con materiali organici o inorganici per mantenere l'umidità e ridurre le erbe infestanti.

Marciume radicale: Malattia delle radici causata da ristagni d'acqua, che porta alla morte della pianta se non trattata.

Stratificazione: Tecnica di progettazione del giardino che prevede la disposizione delle piante in livelli (alti, medi e bassi) per creare profondità e interesse visivo.

Fotoperiodo: La durata del giorno e della notte che influenza il ciclo vegetativo e la fioritura delle piante.

Substrato: Miscela di terriccio, torba e altri materiali utilizzata per coltivare piante in vaso o per migliorare le condizioni del suolo.

La scelta delle varietà giuste di azalee può fare la differenza nel successo della coltivazione e nella bellezza del giardino. Le azalee sempreverdi e decidue offrono opzioni per ogni tipo di clima e condizione ambientale, permettendo di creare composizioni armoniose e durevoli. Con le raccomandazioni specifiche per il clima italiano e una conoscenza approfondita dei termini tecnici, anche i giardinieri meno esperti possono ottenere ottimi risultati.

Glossario delle Azalee

Di seguito è riportato un glossario dettagliato dei principali termini tecnici e specifici utilizzati nella coltivazione delle azalee. Questo glossario sarà utile per comprendere meglio le pratiche di cura, piantagione e gestione di queste piante, oltre che i concetti botanici e agronomici correlati.

A

Acidofilo

- Pianta che prospera in terreni con pH acido, generalmente compreso tra 4.5 e 6. Le azalee, come i rododendri e le camelie, appartengono a questo gruppo.

Aiuola

- Porzione di giardino destinata a ospitare

piante decorative, spesso delimitata da bordure. Le azalee si prestano bene per creare aiuole colorate in primavera.

Annaffiatura a pioggia

- Tecnica di irrigazione che prevede l'uso di un irrigatore che distribuisce l'acqua dall'alto in modo simile a una pioggia. È ideale per le azalee, ma deve essere eseguita con moderazione per evitare malattie fungine.

Ammendante

- Sostanza (come compost o torba) aggiunta al terreno per migliorarne le caratteristiche fisiche e chimiche, favorendo la crescita delle piante. Nel caso delle azalee, sono utili ammendanti acidi come torba e aghi di pino.

B

Bordo misto

- Combinazione di diverse piante ornamentali (come arbusti, erbacee perenni e bulbose) lungo il margine di un giardino. Le azalee sono spesso utilizzate in bordi misti per il loro effetto decorativo.

Bosco-giardino

- Stile di giardino che riproduce un ambiente naturale boschivo. Le azalee, specie quelle decidue, si adattano perfettamente a questo contesto, insieme a felci e hosta.

C

Clorosi

- Condizione in cui le foglie diventano gialle a causa di una carenza di ferro o di magnesio, spesso provocata da un pH del suolo troppo elevato. Le azalee sono particolarmente sensibili alla clorosi.

Concime

- Fertilizzante utilizzato per migliorare la crescita delle piante. Le azalee richiedono concimi specifici per piante acidofile, ricchi di azoto, fosforo e potassio.

Copertura del suolo

- Strato di piante basse che coprono il terreno, riducendo la crescita di erbe infestanti e mantenendo l'umidità. Le felci e l'erica sono buone piante da copertura per le azalee.

D

Deciduo

- Pianta che perde le foglie durante la stagione fredda o secca. Le azalee decidue offrono un magnifico spettacolo di fioritura in primavera e un fogliame dai colori autunnali intensi.

Drenaggio

- Capacità del suolo di far defluire l'acqua in eccesso. Le azalee richiedono terreni ben drenati per evitare marciumi radicali.

E

Esposizione

- La posizione e la quantità di luce che una pianta riceve. Le azalee preferiscono un'esposizione a mezz'ombra, soprattutto nelle regioni calde, per evitare che il sole diretto bruci le foglie.

F

Fertilizzante a lenta cessione

- Concime che rilascia i nutrienti gradualmente, garantendo una nutrizione costante alla pianta. È particolarmente utile per le azalee, in quanto riduce il rischio di sovradosaggio.

Fioritura

- Periodo in cui la pianta produce fiori. Nelle azalee, la fioritura avviene generalmente in primavera, ma alcune varietà possono fiorire anche in estate o autunno.

Fotoperiodo

- La durata della luce e del buio in un ciclo di 24 ore. Influenza il ciclo di fioritura delle piante, comprese le azalee.

I

Ibrido

- Pianta ottenuta dall'incrocio tra due varietà diverse, selezionata per ottenere caratteristiche migliorate come resistenza o fioritura abbondante. Molte azalee coltivate oggi sono ibridi.

Infestante

- Pianta indesiderata che compete per nutrienti e spazio. È importante eliminare le infestanti attorno alle azalee per garantire il loro sviluppo ottimale.

L

Letto di piantagione

- Area del giardino preparata per ospitare più piante. Le azalee richiedono letti di piantagione con terreno acido e ben drenato.

Luce filtrata

- Luce solare che passa attraverso una barriera, come i rami di un albero. È ideale per le azalee, che non amano l'esposizione diretta al sole nelle ore più calde.

M

Marciume radicale

- Malattia causata dall'eccesso di acqua nel terreno, che fa marcire le radici. È una delle principali minacce per le azalee, che necessitano di un terreno ben drenato.

Mezz'ombra

- Zona in cui la luce solare è presente solo per alcune ore del giorno. È l'esposizione ideale per la maggior parte delle azalee.

P

Pacciamatura

- Strato protettivo di materiale organico (come

corteccia o aghi di pino) posto intorno alle piante per mantenere l'umidità e ridurre la crescita delle infestanti. Le azalee beneficiano molto della pacciamatura.

pH del suolo

- Misura dell'acidità o della basicità del terreno. Le azalee preferiscono un pH tra 4.5 e 6, ovvero un terreno acido.

Potatura

- Operazione di taglio dei rami per mantenere la forma della pianta e stimolare una fioritura abbondante. Le azalee vanno potate subito dopo la fioritura.

R

Rizoma

- Tipo di radice sotterranea da cui possono

svilupparsi nuove piante. Alcune varietà di azalee decidue si propagano tramite rizomi.

Ristagno idrico

- Accumulo di acqua nel terreno che può causare marciume radicale. Le azalee sono particolarmente sensibili a questa condizione e richiedono un buon drenaggio.

S

Stratificazione del giardino

- Tecnica di progettazione che prevede la disposizione delle piante in diversi livelli (alto, medio e basso). Le azalee sono ideali per lo strato medio o basso.

Substrato

- Miscela di materiali utilizzata per riempire vasi o migliorare il terreno. Un buon substrato per azalee include torba, sabbia e corteccia.

T

Terreno acido

- Terreno con un pH inferiore a 7. È essenziale per la crescita ottimale delle azalee.

Torba

- Materiale organico acido usato per migliorare il terreno delle piante acidofile. È particolarmente indicato per le azalee.

V

Varietà

- Gruppo di piante della stessa specie con caratteristiche specifiche. Esistono molte varietà di azalee, ognuna con colori, forme e dimensioni differenti.

Vaso drenante

- Contenitore con fori sul fondo per

permettere il deflusso dell'acqua in eccesso. Le azalee coltivate in vaso necessitano di vasi drenanti per evitare ristagni.

Questo glossario fornisce una panoramica dei termini più importanti legati alla coltivazione e alla cura delle azalee. Comprendere questi concetti aiuterà i giardinieri, sia principianti che esperti, a prendersi cura delle loro piante in modo più efficace e a ottenere risultati migliori in termini di fioritura e salute generale.

Indice

Introduzione pg.4

Capitolo 1: Scegliere le azalee pg.9

Capitolo 2: Preparazione del terreno per le azalee pg.14

Capitolo 3: Piantare le azalee pg.23

Capitolo 4: Cura e manutenzione delle azalee pg.34

Capitolo 5: Protezione delle azalee pg.43

Capitolo 6: Fiori e fioritura pg.53

Capitolo 7: Coltivazione in vaso pg.63

Capitolo 8: Azalee e giardino pg.73

Capitolo 9: Varietà consigliate pg.83

Glossario delle Azalee pg.93

www.ingramcontent.com/pod-product-compliance
Lightning Source LLC
Chambersburg PA
CBHW050320230526
45471CB00005B/2274